AF346953

ALMANACH,

OV PREDICTIONS
VERITABLES.

CONTENANT LES DIVERS CHANGE-
mens qui doiuent arriuer durant le cours des douze Mois de
la presente Année M. DC. XXXI. selon les reuolutions &
rencontres des douze Signes, des sept Planettes, Estoiles
fixes, & autres Corps superieurs.

Le tout diligemment extraict, supputé, & calculé des escrits
les plus serieux, & obseruations plus asseurées de Ptolomée,
Fabry, Cormopede, du Curé de Miremôts, Pierre de Lariuey,
dit le Ieune Troyen, du Comte de la Ianin, du Grand Origan,
& autres Mathematiciens & Astrologues, tant anciens que
modernes.

Par l'Illust. & Sereniß. Seigneur TYCHOBRAE, *Astrologue, Prince*
Danois, & tres-exact obseruateur des causes secondes.

BALET
Dancé à Grenoble le Dimanche gras de
ladite Année.

M. DC. XXXI.

AVX DAMES.

ES DAMES,

Pour preuenir la curiosité & le desir que vous pourriez auoir de connoistre les choses qui doiuent arriuer durant la presente année mil six cens trente-vn : Et pour euiter les fausses Propheties, & le blâme qu'on a coustume de donner à ceux qui se mes-lent de faire des predictions : J'ay creu qu'il estoit à propos de vous faire voir, & vous repre-senter les figures des douze Signes, les rencontres des sept Planettes, & les reuolutions des Estoiles fixes ; à fin que les ayant veuës vous en façiez vous mesme le iugement tel qu'il vous plairra; m'asseurant que si vous les considerez bien, vous serez contraintes d'aduoüer que les Astres seruent bien de pretexte à tout ce qui arriue

dans le monde : mais que de voſtre ſeul aſpect,
& de voſtre rencontre fauorable depend abſolu-
ment toute la bonne ou mauuaiſe fortune des
hommes.

TYCHOBRAE.

RECIT.

A Nuict dans vn chariot tirée de quatre cheuaux noirs, suiuie du Sommeil, & de Morphée ses compagnons inseparables, paroistra la premiere, vous venant faire le recit de ce qui se doit passer dans ce Balet par vne chanson melodieuse, & vn Triô tres-agreable, & vous disposera à voir l'entrée des Estoiles fixes representées par les Violons, & celles des sept Planettes, qui par la lumiere de leurs flambeaux vous esclaireront à voir les predictions, & les vers que ce grand Prince Tychobraé vestu en porteur d'Almanachs distribuera à la Compagnie, & apres ouurira l'original du present Almanach, dans lequel vous verrez les aduantures & predictions suiuantes.

VERS DV RECIT.

LA NVICT.

OMMEIL chasse d'icy tes ombres,
Et fais tes pauots retirer.

LE SOMMEIL.

A quel suiet dans ces lieux sombres
Vois-ie tant de feux esclairer.

LA NVICT.

Ce sont des amoureux qui marchent sous mes voiles,
Et qu'vn desir picque si fort
D'estre informez par les Estoiles
Ou de leur vie, ou de leur mort.

LE SOMMEIL, LA NVICT, ET MORPHEE.

Venez venez captifs de ces Diuinitez,
Les Astres vous feront sçauoir leurs volontez.

LA NVICT.

Donne Morphée tresue aux songes.
Laisse ces esprits enchantez.

MORPHEE.

Ne sçais-tu pas que leurs mensonges
Ont dit souuent des veritez.

LA NVICT.

C'est que le Ciel par moy touché de leur martyre
Leur a fait des Dieux obtenir,
Qu'ils apprendront ce soir à lire
Dans le liure de l'aduenir.

LE SOMMEIL, LA NVICT, ET MORPHEE.

Venez venez captifs de ces Diuinitez,
Les Astres vous feront sçauoir leurs volontez.

LA NVICT.

Les Planettes sans arts Magiques
Vont paroistre deuant tes yeux.

LE SOMMEIL.

Ou ce sont des feux fantastiques,
Ou bien la guerre est dans les Cieux.

LA NVICT.

C'est vn prodige estrange, & non pas vne guerre,
Tu verras encor les Saisons,
Les Estoiles ramper à terre,
Et les Mois porter leurs maisons.

LE SOMMEIL, LA NVICT, ET MORPHEE.

Venez venez captifs de ces Diuinitez,
Les Astres vous feront sçauoir leurs volontez.

POVR LES ESTOILES FIXES
representées par les Violons.

DIVINS obiects de qui les yeux
Voudroient comme nous luire aux Cieux,
Vous n'aurez point cet aduantage
Dont vous estes si fort ialoux,
Si quittant cette humeur volage
Vous n'estes fixes comme nous.

POVR LES PLANETTES REPRE-
sentées par les Porte-flambeaux.

QVELS feux nous paroissent si beaux,
Le Ciel at-il d'autres flambeaux
Dont il veuille esclairer le monde.
O! diuines beautez nous voyons dans vos yeux,
Qu'il faut que desormais nous nous cachions sous l'onde,

Et que nous vous quittions la demeure des Cieux.

Dans la plus sombre obscurité
Vos yeux portent tant de clarté.
Qu'il faut conclurre à nostre honte,
Que dés que vous luisez nos feux sont superflus,
Et si par le passé les Dieux en ont fait conte,
C'est auecque raison qu'ils ne les prisent plus.

POVR MONSIEVR VIDEL
representant Tychobraé Astrologue.

E suis ce Prophete ancien
Dont parle tant l'historien
Dans le chapitre des merueilles,
Guidé des celestes flambeaux,
I'ay déia dreßé par mes veilles
Pour cent ans d'Almanachs nouueaux.

Ie suis rempli d'integrité,
Ie dis tousiours la verité,
Et suis ennemi des sornettes:
Mon poil me fait paroistre vieux,
Mais ie lis encor sans lunettes
Dans le liure secret des Dieux.

Ie marche tousiours en resuant,
Ie suis extremement sçauant

En l'art de dreſſer l'horoſcope:
I'y ſuis l'homme le plus parfait,
Car c'eſt moy qui predis qu'Eſope
Auroit le corps tout contrefait.

Ie connois le mal & le bien,
Ie ſçay tout ie n'ignore rien,
Par moy les fols deuiennent ſages:
Ie vois bien loin dans l'aduenir,
Ie rabille les Pucelages,
Et fais les filles raieunir.

Mes Dames ſeruez vous de moy,
Ie ſuis homme digne de foy,
Qui ne dis pas ce qu'il faut taire,
Que ſi ie parlois librement,
Il n'eſt fille de bonne mere
Que ie ne miſſe en penſement.

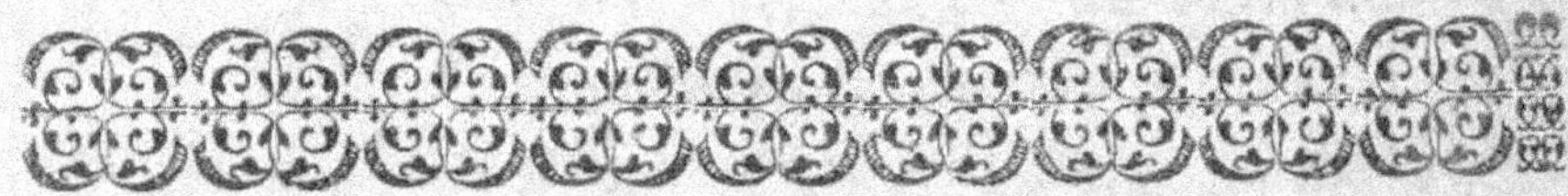

I. ENTREE.

A ſaiſon de l'Hyuer repreſentée par quatre Hollandois, ou habitans des Iſles Septentrionales, qui ſe gliſſeront ſur la glace, & feront des poſtures fort agreables.

POVR LES HOLLANDOIS.

ES glaces de cette saison
Detenant nos corps en prison,
Ne nous ont rien laissé de libre que nos ames:
Mais diuines beautez lors que nous vous voyons
Les Soleils de vos yeux allument tant de flames
Que cette glace fond au feu de leurs rayons.

IANVIER.

Prediction.

ES Chats emmaillotez danseront les sonnettes.
La Reyne des Magots les veut danser aussi:
Mais ces galans viendront luy conter des sornettes,
Qui la retireront de ce cuisant souci.

II. ENTREE.

E mois de Ianuier fera la secon-
de entrée portant son Signe pour
coiffure, qui est le Verseur d'eau,
vestu d'vn habit couleur de Nac-
quara, & au dessus couuert de double fil & de

flâmes d'or, dans vn compartiment de cœur d'argent & esmail bleu coiffé de nuées, les quatre vens au quatre costez de la coiffure, au milieu desquels est le Verseur d'eau represen- té par la figure dont on a accoustumé de le peindre, & par vne fontaine d'eau de senteur dont il moüillera la Compagnie.

POVR MONSIEVR DE LA BASTIE
de Chaunes, representant ledit mois de Ianuier, portant ledit Signe du Verseur d'eau.

S I ie me treuue sous cet Astre
Ie crois que cet par vn desastre,
Plustot que par Arrest Diuin:
Ie suis tout contraire à mon Signe,
C'est vn Verseur d'eau tres-insigne,
Et ie suis grand verseur de vin,

POVR LE MESME,

A Philoclée.

P HILOCLEE quoy que l'Hyuert
M'ait ainsi de glace couuert
N'entrez point dans la defiance,

Mes feux n'en font pas moins ardans,
Car vos yeux ont cette puiſſance,
Si ie géle au dehors, que ie bruſle au dedans.

POVR LE MESME,

PHILOCLEE dont la rigueur
Se fait plus adorer que craindre,
D'vn ſi doux feu bruſle mon cœur,
Que ie ne l'oſerois eſteindre.

Et mon Signe eſt ſi curieux
De nourrir dans moy cette flame,
Qu'il verſe ſon eau par mes yeux
Sans oſer toucher à mon ame.

POVR LE MESME,

A Beliſe.

ES yeux ſi longuement aux pleurs accouſtumez,
Se ſont en fin pour vous en ruiſſeau transformez:
BELISE vos rigueurs me changent en fontaine:
Mais ce qui me conſole apres tant de mal-heurs,
C'eſt que l'eau de mes pleurs
Rend vn fidelle hommage au beau fleuue de Seine.

III ENTREE.

A troisiéme entrée sera de trois chats emmaillotez côme des enfans n'ayans que la teste, la queuë, & les pieds de derriere libres, garnis de sonnettes, au son desquelles ils en danseront le brânle, & apres se remettront dans leur air lors que la Reyne des Magots paroistra pour danser aussi au son desdites sonnettes, elle sera suiuie de deux galans vestus à l'antique, qui ayans dansé quelques postures auec les Chats & ladite Reyne, prendront chacũ vn desdits Chats entre leurs bras, & les tenans en façon d'enfans danseront deux fois leur air, & se retireront.

POVR LA REYNE DES MAGOTS.

*E suis cette excellente Reyne,*
Qui d'ordinaire me promeine
A fin de surprendre les rats:
Par tout ie passe pour badine,

Mais si pourtant dois-ie estre fine
Puis que ie suis la mere aux Chats.

POVR MONSIEVR ROVS

representant le Courtisan de la Reyne
des Magots.

VE le destin capricieux
Termine mal mon auenture:
Apres auoir serui la merueille des Cieux,
Ie suis contraint d'aimer vn monstre de nature.

Pour les Chats.

PENDANT que nous dansons le branle des sonnettes
Les Rats se peuuent bien promener hardiment,
Car le bransle fini nos grifes seront prestes
De les persecuter mieux qu'au commencement.

LE Prince Tychobraé qui sera tousjours present à toutes les entrées tournera le feüillet
de son Almanach, auquel on verra le mois de
Feurier, la prediction duquel vous ne sçauriez
lire, si comme luy vous ne tournez le present
feüillet.

FEVRIER.
Prediction.

OVRAGE Compagnons qu'on reparle de boire,
Le bon Roy Guillemot eſt desja de retour:
Et la Reine Gillette aime tant ſa memoire,
Qu'elle le ſuit expres pour le prier d'amour.

IIII ENTREE.

LA quatriéme entrée ſera faite par le mois de Feurier coiffé de ſon Signe, qui ſont les deux Poiſſons, ayant les bords de ſon habillement fourrez & brodez de fleurs d'amandriers, & ſa coiffure enrichie de fleurs de primevere.

POVR MONSIEVR LE COMTE DE
Rochefort repreſentãt le mois de Feurier portant le Signe des Poiſſons.

LE Ciel m'a fait tomber dans vn malheur extrême,
Ce Signe à mon humeur n'eſt en rien conuenant,

Car ces Poiſſons glacez ne ſont bons qu'en Careſme,
Et moy ie n'ayme rien que Careſme prenant.

POVR LE MESME,

A Syluie.

V E ce Signe & mon ſort ſont differens! Syluie,
Le Ciel me pouuoit bien placer en d'autres lieux,
Car c'eſt l'eau ſeulement qui luy donne la vie,
Et moy ie ne la tiens que du feu de tes yeux.

V. ENTREE.

E mois de Feurier s'eſtant retiré, les effects de ſa prediction arriueront : faiſant la cinquiéme entrée, qui eſt du ROY Guillemot, ſuiui de ſon Eſcuyer, & de deux Pages, comme auſſi de la REYNE Gillette & de ſes deux Damoiſelles, qui n'auront pas pluſtot dancé enſemble vn BALET de figures, que le Prince Tychobraé tournera feüillet, & vous verrez le mois de Mars, apres toutesfois que vous aurez leu les vers de la preſente entrée.

POVR MONSIEVR DE LA
Riuiere representant le Roy Guillemot.

D ANS la douceur de mon Empire
Tous mes subiets creuent de rire,
Ie suis le Roy du Cabaret.
Pour plaire à des beautez ie n'eus iamais de peine,
Car ie ne fais l'amour qu'aux filles de Sylene,
Qui payent mes trauaux du blanc & du clairet.

POVR MONSIEVR COSTE
representant l'Escuyer du Roy Guillemot.

I E suis sçauant en la methode
De bien cheuaucher à la mode,
I'y fais à chacun la leçon:
I'ay ce don encor de Nature,
Qu'il n'est si mauuaise monture
Qui resiste à mon caueçon.

MARS.
Prediction.

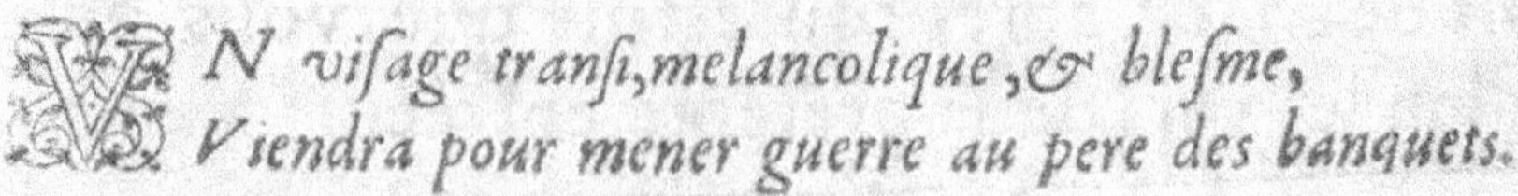

V N visage transi, melancolique, & blesme,
Viendra pour mener guerre au pere des banquets.

La faim & la maigreur par vn malheur extrême,
Le chasseront en fin malgré tous ses hoquets.

VI. ENTREE

DV mois de Mars, coiffé de son Signe le Belier, vestu d'vn habit vert en broderie de violettes, & enrichi d'vne couronne des mesmes fleurs.

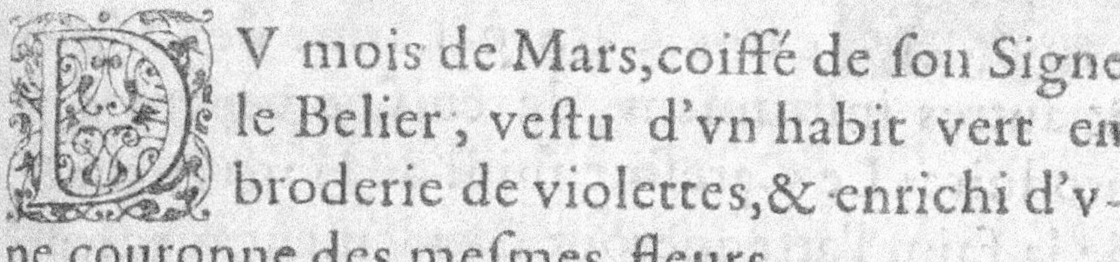

POVR MONSIEVR DE MANISSY,
representant le mois de Mars, portant le Signe du Belier.

VOICI ce Belier admirable,
De qui la superbe toison,
A donné suiet à la fable
De la conqueste de Iason:
Ah! Celie ah! belle inhumaine,
Que sans prendre beaucoup de peine,
Et sans comme luy recourir
A la magie de Medée,
L'œillade que tu m'as dardée,
A bien tost sceu me conquerir.

VII. ENTREE.

E mois de Mars n'aura pas dis-
paru que l'effect de sa prediction
arriuera en la septiéme entrée:
car le Carnaual armé de broches
& autres instrumens, de cuisine venans à se
produire ; Le Caresme suiui de la maigreur &
de la faim l'attaqueront si rudement auec leurs
lances garnies de poissons, & vn escu couuert
d'vn merlus qu'ils luy feront quitter la place
à la huictiéme entrée.

POVR MONSIEVR ROVS
representant le Carnaual chassé par
le Caresme.

OY qui m'appelles à la luitte,
Grande Reyne des escargots,
Idole des esprits bigots,
Ne te vante point de ma fuitte:
Il faut que nous tombions d'accord;
Que si ie quitte à ton abord,
Tu ne t'acquiers cet auantage
Que par vn vieux droict annuel:
Car c'est luy non pas ton courage
Qui te fait vaincre en ce duel.

VIII ENTREE

LE PRINTEMPS.

LA saison du Printemps fera la huictiéme entrée representée, par quatre Bergers qui par la propreté de leurs habits, ou par la gentilesse de leurs pas donneront suiet de croire qu'ils n'ont rien de rustique que leur demeure.

POVR LES BERGERS

EXEMPTS *de toute inquietude,*
Nous viuons dans la solitude,
Où nous treuuons dequoy satisfaire à nos sens;
Et coulans ainsi nostre vie
Sans estre subiets à l'enuie,
Nous goustons la douceur des plaisirs innocens.

Ce Printemps vestu de verdure,
A chassé toute la froidure:
Et Flore sous ses pas fait renaistre les Lis:

F

Mais elle dit sans flatterie
Qu'il n'en croit point dans sa prairie.
De si beaux qu'elle en voit sur le sein de Phillis.

CEt Astrologue apres auoir congedié ces Bergers, tournant le feüillet de son Almanach vous fera voir le mois d'Auril.

AVRIL.

Prediction.

ARMES *debout, guerre à outrance,*
Escrimeurs à ventre d'Oison
Paroistront en cette saison,
Glaiues en main faute de lance.

IX. ENTREE.

LE mois d'Auril fera la neufiéme entrée auec vn habillement blãc, brodé d'Anemones, & de Tulippes, coiffé du Taureau son Signe, portant vne couronne de mesmes fleurs.

POVR MONSIEVR DE LA Baſtie de Chaunes, repreſentant le mois d'Auril, portant le Signe du Taureau.

A PHILOCLEE.

IVPITER autrefois porté
D'vn amour, de luy trop indigne,
Pour enleuer vne beauté
S'alla transformer en ce Signe:
Ie couue vn trop chaſte deſſein,
PHILOCLEE dedans le ſein
Pour me ſeruir de cette amorce;
Car i'eſpere que quelque iour
Ce qu'obtint ce Dieu par la force,
Ie l'auray de toy par amour.

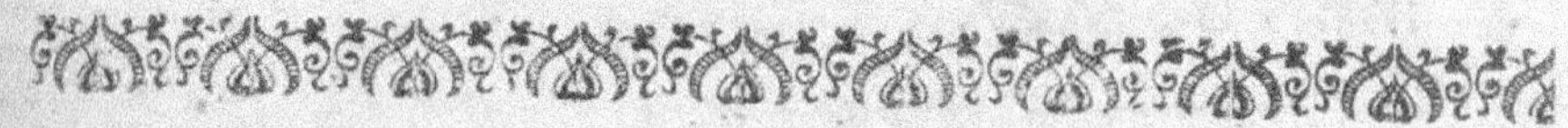

X. ENTREE.

LE mois d'Auril diſparoiſſant cedera la place à trois eſcrimeurs croteſques, qui porteront chacun d'eux vne autre teſte ſur la leur, qui tournera à chaque coup de coutelas que ces eſcrimeurs ſe dônerôt l'vn à l'autre, auec vne telle cadence qu'ils rauiront les yeux des ſpectateurs.

POVR MESSIEVRS LE COMTE
de Rochefort, de Manissy, & Francisque representans les Escrimeurs.

NOVS sçauons si bien par vsage
Escrimer en toutes façons,
Qu'apres auoir fait nos leçons,
Les plus poltrons prennent courage:
Nous sommes encor mieux appris
D'escrimer aux champs de Cypris,
*Où nous auons plus **** d'estude;*
Car pourueu seulement qu'on nous laisse approcher,
Nous auons la botte si rude
Qu'elle entre en la portant bien auant dans la chair.

TYchobraé tournant feüillet paroistra le mois de May.

MAY.

Prediction.

ES Fleurs ne seront pas tranquilles,
Et les papillons seront pris
Par vn moineau de si grand prix,
Qui les surprendra, quoy qu'habiles.

XI. ENTREE

L E mois de May couuert d'vn habit en broderie de roses, portant le Signe des Gemeaux pour coiffure, fera l'onziéme entrée, & se retirant cedera la place à la douziéme.

POVR MONSIEVR DE CROLLES
representant le mois de May, portant le Signe des Gemeaux.

A PHILLIS.

PHILLIS ie me ris du naufrage,
Puisque ie porte ces Gemeaux,
Dont les feux appaisent l'orage
Si tost qu'ils luisent sur les eaux;
Mais quand ie n'aurois pas cette double lumiere
Qui presage aux Nochers vn calme gracieux,
Quelqu'effort que fist l'eau ie ne la craindrois guiere,
Car si ie dois perir, c'est du feu de tes yeux.

XII. ENTREE

T Rois Papillons dançans suruiendra vn Moineau qui les surprend, & rendront veritable cette prediction.

POVR MESSIEVRS DE BRESSAC
& Sainct Christophle, representans les Papillons.

LORIDE à quoy nous sert d'approcher le flambeau,
Si voletans autour nous treuuons le tombeau
Où nous croyons treuuer la vie de nos ames:
Encor dans ce mal-heur serions nous glorieux,
(Puis qu'il faut aussi bien nous brusler à des flames)
Si nous pouuions brusler aux flames de tes yeux.

IVIN.

Prediction.

ES femmes ont trop d'une teste,
Et pour nous fascher dans ce mois,
La chacune en portera trois:
O Dieux! la dangereuse beste.

XIII. ENTREE.

E mois de Iuin vestu d'vn habit de
couleur Isabelle en broderie de Lys,

portant pour coiffure l'Escreuisse son Signe,
auec vne couronne des mesmes Lys, fera la
quatorziéme entrée.

POVR MONSIEVR COSTE,
representant le mois de Iuin, portant le
Signe de l'Escreuisse.

A IRIS.

IRIS a cette cruauté,
Que plus i'adore sa beauté,
Moins elle prise mon seruice:
Et mieux elle me voit brusler,
Plus elle comme l'Escreuisse
Prend du plaisir à reculer.

L'ESCREVISSE,

A Iris.

DES qu'IRIS eut bruslé mon cœur,
Ie voulus porter la couleur
Du doux brasier qui me consomme;
Et la crainte que i'eus d'esteindre vn feu si beau
Me fit aller au Ciel, & perdre la coustume
De viure dedans l'eau.

XIV. ENTREE.

L'Effect de la prediction du mois de Iuin fera la quatorziéme entrée de cinq femmes à trois teſtes la chacune, quelles remueront d'vne ſi agreable façon que les plus melancoliques perdront cette facheuſe humeur, d'abord qu'ils leur auront veu dancer vn Balet de figures.

POVR LES CINQ FEMMES
à trois teſtes.

QVI pourroit vaincre tant de teſtes,
Feroit de fort bêlles conqueſtes,
Au ſiecle malheureux où le monde eſt reduit:
Vous ſçauez qu'elles ſont plus trompeuſes que l'onde,
Et que le premier mal qu'on a veu dans le monde,
C'eſt la femme qui l'a produit.

XV. ENTREE.

L'ESTE'.

Vatre Mores faiſant la quinziéme entrée, & repreſentans la ſaiſon de l'Eſté par leur couleur baſanée & noire, vous pourroient donner de l'horreur; mais la gentilleſſe de leurs pas, la diuerſité de leurs poſtures, & la diſpoſition auec laquelle ils danceront, vous oſtát toute l'auerſion que vous pourriez auoir de cette couleur, vous portetont à vn applaudiſſement, & vn adueu que leur Balet ſera vne des plus agreables choſes que vous ayez encores veuës.

POVR QVATRE MORES,
repreſentans la ſaiſon de l'Eſté.

CETTE noire couleur qu'on voit ſur noſtre corps,
Montre que nous bruſlons & dedans & dehors,
Il ne s'en peut donner vn plus grand teſmoignage:

H

Deux grands Soleils nous vont caufant cette chaleur,
Car celuy de la haut nous brufle le vifage,
Et celuy de çà bas nous confume le cœur.

L E Prince Tychobraé tournant feüillet don-
nera la place au mois de Iuillet.

IVILLET.

Prediction.

G R I P P E-minaux Efleuz, & coqs de la Parroiffe
Prenent tant de prefens qu'ils en font accablez,
Ayant prins & donné trop de poires d'angoiffe,
Chacun connoit affez comm'ils font endiablez.

XVI. ENTREE,

D V mois de Iuillet, veftu d'vn habillement en broderie d'œillets, &
couronnes des mefmes fleurs, &
de fon Signe qui eft le Lyon.

POVR MONSIEVR DE LA
Riuiere representant le mois de Iuillet,
portant le Signe du Lyon.

POVR CELIE.

E Lyon que l'amour trauaille iour & nuict,
Veille tousiours deuant la Vierge qui le suit,
Craignant que quelque Dieu n'enleue ce bel astre:
De cette mesme peur me voyant tourmenté,
Ie veille incessamment craignant que ce desastre
N'arriue pour l'obiect qui me tient arresté.

XVII· ENTREE.

L'Effect de la prediction de ce mois sera, que trois Esleuz faisans la dix-septiéme entrée, receuront au commencement quantité de presens d'vn pauure Paysan Dauphinois, & d'vne Paysane; mais à la fin reconnoissans que ces Gens sous leurs manteaux à manches portent des pattes de Chat ; ces Paysans leur donneront des poires d'angoisse, & les chasseront honteusement de la Compagnie.

POVR MESSIEVRS LE COMTE
de Rochefort, Coste, de Manissy, & la Bastie de Chaunes, representans les Esleuz.

NOS grands amis les Partisans,
Ont exposé les Paysans
A la merci de nostre Griffe,
Et celuy de nostre Bureau
Qui ne sçait bien plumer l'Oiseau,
Nous le tenons pour Apocrife.

POVR MONSIEVR LE COMTE
de Grignan, representant le Paysan.

QVOY que mon habit soit grossier,
Ie n'en ay pas l'esprit pour cela moins habile,
Car ie trauaille en vn mestier,
Qu'on connoit en ce monde estre le plus vtile:
Pour estre si bon laboureur
Le Ciel m'a fait vne faueur,
Qu'il n'a point aux autres donnée;
C'est que quand ie rencontre vne terre à mon chois,
Les autres n'ont du fruict qu'à la fin de l'année,
Et moy i'en ay tousiours à la fin de neuf mois.

TYchobraé tournera feüillet, & vous verrez le mois d'Aoust.

AOVST.

Prediction.

OVRRIER deualisé, pacquets, ~~ouuertes~~ lettres, *ouuertes*
Se treuuant mal monté se sauue sur ses pieds,
Les Dames en riront , intrigues descouuertes
Par curiosité, cheuaux estropiez.

XVIII. ENTREE.

E mois d'Aoust auec vn habillement couuert de quantité de bleu-
uets , pauots, & espicts en broderie , couronné de mesmes fleurs,
faisant la dix-huictiéme entrée,
fera voir qu'il est coiffé de la Vierge qui est
son Signe.

POVR MONSIEVR ROVS,
representant le mois d'Aoust , portant le
Signe de la Vierge.

'ASTRE qui m'a fait amoureux
N'est pas le Signe que ie porte,

C'eſt vne Vierge dont les feux,
Me bruſlent bien d'vn autre ſorte:
Celle-cy n'a rien de pareil,
Car elle emprunte du Soleil
Les feux dont elle me conſume;
Et l'autre en a tant dans les yeux,
Que de ça bas meſme elle allume
Là haut le cœur de tous les Dieux.

XIX. ENTREE.

VN Courrier ſurpris par des voleurs s'enfuira , ſa malette ſera ouuerte par eux , & ſe treuuera remplie de lettres, qui ſeront renduës ſelon leur adreſſes aux Dames de la Compagnie.

POVR MONSIEVR DE LA
Riuiere, repreſentant le Courrier deualiſé.

PHILLIS ie viens du bout du monde,
Et puis dire auec verité,
De n'auoir remarqué ſur la terre, & ſur l'onde,
Rien qui ſoit comparable aux traicts de ta beauté.

Les Voleurs dans cet exercice,
M'ayant pillé, vouloient m'immoler au Deſtin,
Et n'eſtoit que ie dois mourir à ton ſeruice
La perte de ma vie eut accreu leur butin.

POVR MONSIEVR DE LA BASTIE
de Chaunes, representant le Postillon.

A BELISE.

POVR pouuoir euiter les tormens que BELISE
Me donne dés le temps que ie la vais aimant,
Dans l'habit où ie me deguis,
Ie cours & roule incessamment.

Mais que i'employe mal ma peine & mon adresse,
Car le Destin me rend mal-heureux à ce poinct,
Que bien que ie coure sans cesse,
Sa rigueur ne me quitte point.

Apres que ces Voleurs auront distribué toutes les lettres, le Prince Tychobraé à la maniere accoustumée tournera feüillet pour vous faire voir le mois de Septembre.

SEPTEMBRE.

Prediction.

VERRES rinc̄ez, l'esperance des vignes,
Donne au cœur ioye aux enfans sans souci,
Ils sont enfans, mais ils se rendront dignes,
D'estre parfaits yurongnes, Dieu merci.

XX. ENTREE

L A vingt-tiéme entrée sera representée par le mois de Septembre,
vestu d'vn habillement de couleur incarnadine, brodé de fleurs
de Iasmin, de meures, & pieds d'aloüette, auec
vne guirlande de mesmes fleurs, coiffé de la
Balance qu'il a pour Signe.

POVR MONSIEVR DE COLOMBI-
niere, representant le mois de Septembre,
portant le Signe de la Balance.

A CLORIS.

VOY que mon Signe deût estre ~~aux Amans~~ *a mes vœux* propice,
Qu'on le peigne pendant à la main de Iustice,
Qu'il partage les iours aux nuicts esgalement:
CLORIS; ie n'ay pour toy que tristesse en ce monde,
Ie suis tousiours plongé dans vne nuict profonde,
Il rend Iustice à tous fors qu'à moy seulement.

XXI. ENTREE

Vatre jeunes enfans sur cheuaux fuz
vous feront voir la vingt-vniéme
entrée, & vous representeront la haste
qu'à la jeunesse de courre à la desbauche.

CEt Astrologue ennuyé de la chaleur, que peut estre l'Esté luy pourroit auoir causée, sera curieux de tourner le feuillet de son Almanach, pour faire voir cette agreable saison de l'Automne.

XXII. ENTREE.

AVTOMNE.

LA vingt-deuxiéme entrée vous fera voir la saison de l'Automne, representée par quatre Vendangeurs, qui sera aussi plaisante à vos yeux, que le doux nectar qu'elle poduit peut estre salutaire à vostre cœur.

K

POVR QVATRE VENDANGEVRS,
representans la saison de l'Automne.

QVE la saison est agreable,
Où l'on cueille ce fruict aymable,
Qui redonne la vie au corps:
O Dieu BACCHVS! mais des Dieux le plus digne,
Sans la liqueur, que nous produit ta vigne,
Nous serions au nombre des morts.

Fy de ces aualeurs de Biere,
Qui croiroient de ne viure guiere,
S'ils vsoient de ce Ius Diuin:
Ces ignorans ont bien peur de la Parque,
Sçauent ils pas que Châron dans sa Barque?
A tousiours vn tonneau de vin.

LE feuillet de l'Almanach tourné paroistra le mois d'Octobre.

OCTOBRE.

Prediction.

PANIERS remplis, & vuidez tout à l'heure,
Femmes quittans le fardeau de neuf mois,
Puis qu'il est vray que la saison est meure,
Accoucheront de deux enfans de bois.

XXIII. ENTREE.

E mois d'Octobre couuert de raisins & feuilles de vignes en broderie, & couronné d'vne guirlande des mesmes feuilles & raisins, portera vn Scorpion (qui est son Signe) pour coiffure, & fera la vingt-troisiéme entrée.

POVR MONSIEVR DE BRESSAC
representant le mois d'Octobre, portant le Signe du Scorpion.

A CLORIS.

D E quelle lascheté si grande,
Me peux-tu CLORIS accuser!
Qu'ay ie fait pour me refuser
La guerison que ie demande:
Vrayment ce n'est pas sans raison
Si languissant dans ta prison
Ie crains beaucoup plus ta piqueure
Que celle de cet animal;
Car au moins s'il fait quelque mal
Luy mesme guerit sa blessure.

XXIIII. ENTREE.

A vingt-quatriéme entrée sera de deux femmes grosses qui accoucheront la chacune d'vn Nain, & de deux Billicboquets, qu'elles se jetteront l'vne à l'autre, dequoy les Nains ayans peur, s'enfuiront.

TYchobraé fueilletant son Almanach treuuera au penultiéme feuillet le mois de Nouembre.

NOVEMBRE.

Prediction.

SANG respandu, si la truye qui sile,
A qui son sang est extremement cher,
Treuue ennemis en quelque coin de ville,
Elle sera boudin de son boucher.

XXV. ENTREE.

E mois de Nouembre, couuert de broderie de toutes sortes de pommes & poires attachées à leurs branches, & couronné de mesmes fruicts, portant le Sagittaire son Signe pour coiffure, vous fera voir la vingt-cinquiéme entrée.

POVR MONSIEVR LE COMTE DE Grignan, representant le mois de Nouembre, portant le Signe du Sagittaire.

A PHILLIS.

OVS dont i'adore les appas
PHILLIS ne vous estonnez pas,
Si portant cet Archer ie veux aymer ses armes;
Dés que mon cœur vous fut soufmis
Vos yeux m'apprirent par leurs charmes
Que c'estoit mon Destin d'aimer mes ennemis.

XXVI. ENTREE.

Ans la vingt-sixiéme entrée vous verrez l'effect de la prediction de ce mois, qui

sera que deux truyes qui silent, se voyant atta-
quées d'vn boucher qui les voudra tuer, apres
quelque resistance ce malheureux Boucher
sera par elles assommé.

AV dernier feuillet de l'Almanach le Prince Tychobraé treuuera le mois de Decé-
bre, & la prediction suiuante.

DECEMBRE.

Prediction.

*E*N *ce mois cy l'on verra deux Chimeres*
Qui porteront deux fantômes plaisans,
Et combattront pour l'honneur de leurs meres,
Quatre vingts neuf, ou quatre vingts dix ans.

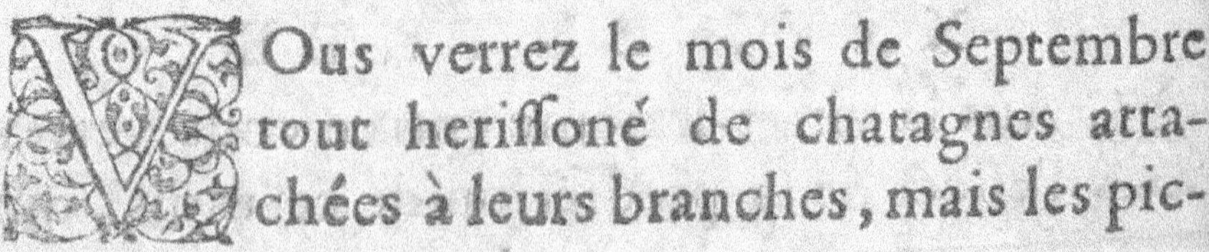

XXVII· ENTREE.

Vous verrez le mois de Septembre
tout herissoné de chatagnes attachées à leurs branches, mais les pic-

queuës de leur herisson ne seront pas beaucoup à craindre, car ils ne seront qu'en btode-
rie, il portera le Capricorne son Signe pour
coiffure.

POVR MONSIEVR DE MANISSY
representant le mois de Decembre, portant le Signe du Capricorne.

A CELIE.

que mon Signe a de puissance!
Que son pouuoir est nompareil,
Puis qu'il peut par son influence
Arrester le cours du Soleil!
Mais que ie suis bien miserable,
Ou qu'amour m'est peu fauorable,
Ie ne puis arrester celle que ie poursuis:
Ce Soleil de beauté, quoy que ie sçache faire
Menasse de vouloir quitter cet Hemisphere,
Pour me laisser languir dans d'eternelles nuicts.

XXVIII. ENTREE.

V lieu de voir l'effect de cette prediction, vous aurez vn contentement
indicible de voir vn Charlatan qui
viendra auec des marionnettes qu'il fera cau-

ſer de la plus plaiſante façon qui ſe puiſſe dire,
& danceront vn Balet que vous trenuerez
tout à fait agreable.

XXIX. ENTREE.

Inq Orphées dont la voix jointe à
la douceur de leurs Luths, eſt capable
de rauir les rochers les plus inſenſibles,
accordans auec tant de gentileſſe
leurs voix à leurs pas, qu'il ne ſe peut rien voir
de plus agreable, ny de plus charmant, feront
la vingt-neuſiéme entrée, attendant que les
douze Mois changent d'habillement pour
venir dancer le Balet graue.

POVR LES ORPHEES.

OVS n'auez point ſceu voir de ſi raves merueilles,
Qu'apres auoir ouy nos luths melodieux,
Vous n'auoüyez que vos oreilles,
Ont receu tout autant de plaiſir que vos yeux.

XXX. ENTREE.

L A trentiéme & derniere entrée sera faite par les douze mois, lesquels ayans quitté les figures, & les liurées de leur Signe pour se parer le chacun de celles de son Amour, paroistront vestus de casaques de satin, de cinq diuerses couleurs, couuertes de passemens d'argent pour dancer le Balet graue, où vous admirerez l'inuention de leurs figures, la beauté de leurs pas, & la disposition auec laquelle ils danceront : Et vous feront auoüer (MES DAMES) que c'est la chose la plus agreable que vous ayez encores veuë. Que si les Vers ne peuuent respondre à la beauté du sujet, vous excuserez, s'il vous plait, l'Autheur qui les a conceus en fort peu de temps, dans le tracas d'vn Palais où il est appellé, & dans vne occupation toute contraire à la Poësie.

F I N.